U0627695

地理发现之旅

谢登华 编著　丛书主编 周丽霞

大山：地球的坚实骨骼

汕頭大學出版社

图书在版编目（CIP）数据

大山：地球的坚实骨骼 / 谢登华编著. -- 汕头：
汕头大学出版社，2015.3（2020.1重印）
（学科学魅力大探索 / 周丽霞主编）
ISBN 978-7-5658-1726-7

Ⅰ．①大… Ⅱ．①谢… Ⅲ．①山－世界－青少年读物
Ⅳ．①K918.3-49

中国版本图书馆CIP数据核字(2015)第028228号

大山：地球的坚实骨骼　　　　　DASHAN：DIQIU DE JIANSHI GUGE

编　　著：谢登华
丛书主编：周丽霞
责任编辑：汪艳蕾
封面设计：大华文苑
责任技编：黄东生
出版发行：汕头大学出版社
　　　　　广东省汕头市大学路243号汕头大学校园内　邮政编码：515063
电　　话：0754-82904613
印　　刷：三河市燕春印务有限公司
开　　本：700mm×1000mm 1/16
印　　张：7
字　　数：50千字
版　　次：2015年3月第1版
印　　次：2020年1月第2次印刷
定　　价：29.80元
ISBN 978-7-5658-1726-7

前 言

　　科学是人类进步的第一推动力，而科学知识的学习则是实现这一推动的必由之路。在新的时代，社会的进步、科技的发展、人们生活水平的不断提高，为我们青少年的科学素质培养提供了新的契机。抓住这个契机，大力推广科学知识，传播科学精神，提高青少年的科学水平，是我们全社会的重要课题。

　　科学教育与学习，能够让广大青少年树立这样一个牢固的信念：科学总是在寻求、发现和了解世界的新现象，研究和掌握新规律，它是创造性的，它又是在不懈地追求真理，需要我们不断地努力探索。在未知的及已知的领域重新发现，才能创造崭新的天地，才能不断推进人类文明向前发展，才能从必然王国走向自由王国。

　　但是，我们生存世界的奥秘，几乎是无穷无尽，从太空到地球，从宇宙到海洋，真是无奇不有，怪事迭起，奥妙无穷，神秘莫测，许许多多的难解之谜简直不可思议，使我们对自己的生命现象和生存环境捉摸不透。破解这些谜团，有助于我们人类社会向更高层次不断迈进。

其实，宇宙世界的丰富多彩与无限魅力就在于那许许多多的难解之谜，使我们不得不密切关注和发出疑问。我们总是不断去认识它、探索它。虽然今天科学技术的发展日新月异，达到了很高程度，但对于那些奥秘还是难以圆满解答。尽管经过许许多多科学先驱不断奋斗，一个个奥秘不断解开，并推进了科学技术大发展，但随之又发现了许多新的奥秘，又不得不向新的问题发起挑战。

宇宙世界是无限的，科学探索也是无限的，我们只有不断拓展更加广阔的生存空间，破解更多奥秘现象，才能使之造福于我们人类，人类社会才能不断获得发展。

为了普及科学知识，激励广大青少年认识和探索宇宙世界的无穷奥妙，根据最新研究成果，特别编辑了这套《学科学魅力大探索》，主要包括真相研究、破译密码、科学成果、科技历史、地理发现等内容，具有很强系统性、科学性、可读性和新奇性。

本套作品知识全面、内容精炼、图文并茂，形象生动，能够培养我们的科学兴趣和爱好，达到普及科学知识的目的，具有很强的可读性、启发性和知识性，是我们广大青少年读者了解科技、增长知识、开阔视野、提高素质、激发探索和启迪智慧的良好科普读物。

目 录

珠穆朗玛峰

山峰小档案

海拔：8844.43米

所属山脉：喜马拉雅山脉

所在国家：中国

　　珠穆朗玛峰是圣洁与神秘的，是人们战胜自我、超越自我的永恒主题。巍峨、壮丽的珠穆朗玛峰，以它举世无双的高度，许多年来，吸引着无数登山健儿。美丽、庄严的珠穆朗玛峰，以它千姿百态的容貌，成为无数人梦寐以求的向往。

世界自然奇观

　　珠穆朗玛峰是喜马拉雅山脉的主峰，海拔8844.43米，是地球上第一高峰，有地球"第三极"、"世界之巅"之誉。位于中国西藏自治区与尼泊尔王国交界处的喜马拉雅山脉中段，北坡在中华人民共和国西藏自治区的定日县境内，南坡在尼泊尔王国境内。在喜马拉雅山脉之中，海拔在7000米以上的高峰有50多座，8000米以上的有16座，著名的有南峰、希夏邦马峰、干城章嘉峰。"喜马拉雅"在藏语中就是"冰雪之乡"的意思。这里终年冰雪覆盖，一座座冰峰如倚天的宝剑，一条条冰川像蜿蜒的银蛇。其中最为高耸的当然就是高达8844.43米的珠穆朗玛峰，它是世界最高峰。因为接近天空的高度，山峰顶端空气稀薄，污染少，所以被很多文学家称为最洁净的土地。

眺望珠穆朗玛峰，确实神奇美丽，无论那云雾之中的山峦奇峰，还是那耀眼夺目的冰雪世界，无不引起人们莫大的兴趣。不过，人们最感兴趣的，还是飘浮在峰顶的云彩。这云彩好像是在峰顶上飘扬着的一面旗帜，因此这种云被形象地称为旗帜云或旗状云。

珠穆朗玛峰旗云的形状姿态万千，时而像一面旗帜迎风招展；时而像波涛汹涌的海浪；忽而变成袅娜上升的炊烟；刚刚似万里奔腾的骏马；一会儿又如轻轻飘动的面纱。这一切，给珠穆朗玛峰增添了不少绚丽壮观的景色，堪称世界一大自然奇观。

气候特征

珠穆朗玛峰地理环境独特，峰顶的最低气温常年在零下三四十摄氏度。山上一些地方常年积雪不化，冰川、冰坡、冰塔林到处可见。峰顶空气稀薄，空气的含氧量只有东部平原地区的

四分之一，经常刮七八级大风，十二级大风也不少见。风吹积雪，四溅飞舞，弥漫天际。

珠穆朗玛峰地区及其附近高峰的气候复杂多变，即使在一天之内，也往往变化莫测，更不用说在一年四季之内的翻云覆雨。大体来说，每年6月初至9月中旬为雨季，强烈的东南季风造成暴雨频繁，云雾弥漫，冰雪肆虐无常的恶劣气候。11月中旬至翌年2月中旬，因受强劲的西北寒流控制，气温可达-60℃，平均气温在-40℃至-50℃之间。最大风速可达90米/秒。每年3月初至5月末，这里是风季过度至雨季的春季，而9月初至10月末是雨季过度至风季的秋季。在此期间，有可能出现较好的天气，是登山的最佳季节。

登峰英雄

现代登山运动能够迅猛发展，除了其自身所具有的独特魅力外，还与人类历史的发展进程息息相关。它与人类的海上探险、空中探险、沙漠探险、极地探险等共同组成人类的探险运动。

珠穆拉玛峰具有重大的科学研究价值，很早就为人们所注目。1960年中国登山运动员和科学工作者不畏艰险，克服重重困难，首次从北坡登上了珠穆朗玛峰顶，创造了世界登山史上前所未有的奇迹。从60年代起，中国科学工作者对珠峰地区进行了全面考察，在古生物、自然地理、高山气候以及现代冰川、地貌等多方面，都获得了丰富而有价值的资料。1975年，中国测绘工作者在中国登山队的配合下，再次登上珠穆朗玛峰，精确地测定了它的高度，并绘出了珠峰地区的详细地图。所有这些，为中国开发利用西藏高原的自然资源提供了极其重要的科学依据。

从1786年至1986年的200年间，人类已经攀登了世界上全部8000米以上的14座高峰，攀登了世界七大洲的最高峰。登山运动越来越受到人们的青睐。

一部关于神的传说

珠穆朗玛峰高大巍峨的形象一直在当地甚至全世界的范围内产生着影响，中华人民共和国的第四版人民币十元的背面便是珠穆朗玛峰。新西兰知名探险家艾德蒙·希拉蕊，是首次登顶珠穆朗玛峰的成功者，为了纪念他，艾德蒙·希拉蕊的肖像被置于新西兰元五元钞券的正面，以鼓励国人冒险犯难之精神。

珠峰印证着一种史前文化的足迹。金字塔、百慕大、玛雅文明等著名史前文明的发现地都位于地球北纬30度附近，其实北纬

30度附近还有很多很多神秘的地方。隶属于喜马拉雅山脉的珠穆朗玛峰正巧在此纬度范围内。珠穆朗玛峰充满了神圣不可侵犯的史前文化气氛。

从历史资料、各民族的历史传说、和一些不太明显的地质特征，足以让我们相信这部神的传说：大约在一万年前，一场大洪水席卷了北半球，所有大约低于1000米的山峰都被淹没。洪水的高峰期约持续了40天左右，到洪水最后消退，是大约100天~120天以后的事了。这场大规模的灾害，毁灭了地球上绝大部分的人类。幸存下来的人类，大多是平时居住在高原和山区的人们，这里所说的高原包括珠穆朗玛峰地区。在河域文明时代，他们的进化程度要远比居住在富饶的平原和大河流域的人群低得多。洪水退后，他们进入了平原，接收了原来的文化遗产。

延 伸 阅 读

国家自然保护区：1989年3月，珠穆朗玛峰国家自然保护区宣告成立。保护区面积3.38万平方千米，区内珍稀、濒危生物物种极为丰富，其中有8种国家一类保护动物，如长尾灰叶猴、熊猴、喜马拉雅塔尔羊、金钱豹等。峰顶共有600多条冰川，面积1600平方千米，最长的26千米。每当旭日东升，巨大的山峰在红光照耀下，就显得绚丽多彩。

富士山

山峰小档案

海拔：3776米

所属山脉：富士山

所在国家：日本

富士山是日本第一高峰，被日本人民誉为"圣岳"，也是世界上最大的活火山之一，位于东京西南方约80千米处。主峰海拔3776米，目前处于休眠状态，但地质学家仍然把它列入活火山之类。日本历史记载首次登顶的时间是663年。

富士山的地形特点

山体呈圆锥状，共喷发18次，最近一次喷发在1707年。虽处于休眠状态，但仍有喷气现象。形成约有1万年，是典型的层状火山。基底为第三纪地层。第四纪初，火山熔岩冲破第三纪地层，喷发堆积形成山体，后经多次喷发，火山喷发物层层堆积，成为锥状层火山。山上有植物2000余种，垂直分布明显，海拔500米以下为亚热带常绿林，500米~2000米为温带落叶阔叶林，2000米~2600米为寒温带针叶林，2600米以上为高山矮曲林带。山顶终年积雪。

由于火山口的喷发，富士山在山麓处形成了无数山洞，有的山洞至今仍有喷气现象。最美的富士山穴内的洞壁上结满钟乳石似的冰柱，终年不化，被视为罕见的奇观。山顶上有大小两个火山口，大火山口直径约800米，深200米。天气晴朗时，在山顶看日出、观云海是世界各国游客来日本必不可少的游览项目。距今大约1万1千年前，古富士的山顶西侧开始喷发出大量熔岩。这些熔岩形成了现在的富士山主体的新富士。此后，古富士与新富士的山顶东西并列。约2500年~2800年前，古富士的山顶部分由于风化作用，引起了大规模的山崩，最终只剩下新富士的山顶。

富士山的喷发记载

公元8世纪有文字记载以来共喷发18次，其中3次大喷发分别为：公元800年~802年（日本延历19~21年）的"延历喷发"，以及864年（日本贞观6年）的贞观喷发。富士山最后一次喷发是在1707年（日本宝永4年），这次由宝永山（富士山火山口之一）喷发出的浓烟到达了大气中的平流层，在当时的江户（现称

东京）落下的火山灰都积有4厘米厚。此后仍不断观测到火山性的地震和喷烟，一般认为今后仍存在喷发的可能性。现在山顶成就峰、伊豆峰和山腹宝永火口等处仍有喷气和地热现象。富士山有寄生火山70多座，数量居日本第一。

富士山奇景"忍野八海"

富士山的北麓有富士五湖。从东向西分别为山中湖、河口湖、西湖、精进湖和本栖湖。山中湖最大，面积为6.75平方千米。湖畔有许多运动设施，可以打网球、滑水、垂钓、露营和划船等。湖东南的忍野村，有涌池、镜池等8个池塘，总称"忍野八海"，与山中湖相通。河口湖是五湖中开发最早的，这里交通十分便利，已成为五湖观光的中心。湖中的鹈岛是五湖中唯一的岛屿，岛上有一专门保佑孕妇安产的神社。湖上还有长达1260米的跨湖大桥。河口湖中富士山倒影，被称作富士山奇景之一。

富士山上燃烧的文学

在日本古代诗歌集《万叶集》中，有许多以富士山有关的文学作品，其中山部赤人的短歌最为著名。能够考证富士山喷发年代的最早的文字记录，是《续日本纪》，书中记录了781年（天应元年）从富士山喷出的火山灰。

在平安时代初期创作的《竹取物语》也有相关记载可以了解到当时的富士山是一座活火山。在江户时代，江户城中落下了大量的火山灰。关于这次喷发，留存有大量的文字和图画记录。江户时代日本著名的浮世绘画家葛饰北斋以富士山为题材创作了46幅的连续版画《富岳三十六景》（约1831年）。

当初画家计划按照题名只画36幅，但后来因广受欢迎，又加画了10幅。其中，描绘了富士山雄美壮观的作品《凯风快晴》和《山下白雨》等都广为人知，这两幅画也被人亲切地称为"赤富士"与"黑富士"。（《富岳三十六景》之中，还有一幅描绘海

浪的《神奈川冲浪里》的杰作非常有名）。

富士山作为歌的题材被广泛使用。此外，也有一种说法：在《竹取物语》中，许多武士将长生不死的灵药在最接近天的富士山上燃烧，因此，这座山名为"富士山"、"不死山"或"不尽山"。

直木文学奖获奖者新田次郎根据本人在富士山顶气象观测所的工作经验，写成了关于富士山的许多作品。他的获奖作品《强力传》便是描写富士山的挑山工的生活的小说。

护佑富士山的神灵

富士山顶设有富士山本宫浅间大社，用于祭祀富士山的神灵。因此，在富士山八合目以上除去登山道和气象观测所之外的385万平方米土地，都属于该神社所有。

但是，由于无法确定静冈县和山梨县的边界，因此没有取得

土地所有权登记。浅间大社内供奉的神灵，为在纪念神话中出现的女神"木花开耶姬命"。

"富士冢"的兴起

到了江户时代，攀登富士山也在平民百姓中流行起来。平民们由于对富士山强烈的信仰，特地在江户各地堆起了许多富士冢。所谓"富士冢"，就是在能够眺望到富士山的地方用土堆起的人工小山丘，在山丘顶部也建有浅间神社供人参拜。因此，不能去富士山的人也能够在当地体验一下攀登富士山的感觉。这样的富士冢很多被命名为"浅间山"或者"朝熊山"。另外从港湾眺望到富士山的地方，也有建立浅间神社石碑的风俗。

有关富士山的传说

传说天神拜访富士山神的住处，请求留宿，但是被主人以正在

斋戒为由拒之门外。后来天神拜访筑波山神，也请求留宿，结果受到了欢迎。因此，此后筑波山上人流不断，而富士山却遭到了终年积雪的惩罚。平安时代的文学作品《更级日记》中，还记载了当时一些人认为富士山神可以决定朝廷次年的人事更替的观念。

延 伸 阅 读

江户时代1603年，德川家康被任命为征夷大将军，在江户设幕府，至第三代将军德川家光时，幕府机构大体完备。幕府领地约占全国土地1/4，其余由大名（诸侯）领有，称藩国。将军是全国最高统治者，下设老中，决定政策，统辖政务，负责控制朝廷、大名与外交；大名是各藩国的统治者，下设家老、年寄等，直接统治人民，拥有领地的行政、司法和年贡征收权等。

泰山

山峰小档案

海拔：1533米

所属山脉：泰山

所在国家：中国

有太多的人去形容泰山的美，泰山的壮，泰山的奇，泰山的险，大自然的鬼斧神工，几十亿年的山石，千百年的古树在这片神奇的地方，是那么让人敬畏，敬畏又亲切，满是感叹。

地理概貌

泰山位于山东省中部，隶属于泰安市。绵亘于泰安、济南、

淄博三市之间，东西长约200千米，南北宽约50千米。主峰玉皇峰，在泰安市城区北，贯穿山东中部，主脉、支脉、余脉涉及周边十余县。

泰山是我国的"五岳"之首，有"天下第一山"之美誉，又称东岳，中国最美的、令人震撼的十大名山之一。自然景观雄伟高大，有数千年精神文化的渗透和渲染以及人文景观的烘托，著名风景名胜有天柱峰、日观峰、百丈崖、仙人桥、五大夫松、望人松、龙潭飞瀑、云桥飞瀑、三潭飞瀑等。泰山于1987年被列入世界自然文化遗产名录。

数千年来，先后有十二位皇帝来泰山封禅。孔子留下了"登泰山而小天下"的赞叹，杜甫则留下了"会当凌绝顶，一览众山小"的千古绝唱。

泰山东望黄海，西襟黄河，汶水环绕，前瞻圣城曲阜，背依泉城济南，以拔地通天之势雄峙于中国东方，以五岳独尊的盛名称誉古今。是中华民族的精神象征，华夏历史文化的缩影。

泰山的风景名胜以主峰为中心，呈放射形分布，历经几千年的保护与建设，泰山拔起于齐鲁丘陵之上，主峰突兀，山势险峻，峰峦层叠，形成"一览众山小"和"群峰拱岱"的高旷气势。泰山多松柏，更显其庄严、巍峨、葱郁；又多溪泉，故而又不乏灵秀与缠绵。缥缈变幻的云雾则使它平添了几分神韵。

气候特点

泰山气候，四季分明，各具特色。夏季凉爽，最热的七月平均气温仅17℃，即使酷暑盛夏登山，在青松翠柏掩映下，亦感阴凉舒适，到山顶时，还需携带寒衣。夏天虽是泰山的多雨季节，不过若能赶上夏季的雨过天晴，就可在山顶上领略到山上红霞朵朵，脚下云海碧波的壮丽景色。春秋两季较温和，平均气温10℃，但春季风沙较大。秋天则风雨较少，晴天较多，秋高气爽，万里无云，为登山观日出的黄金季节。冬季虽天气偏冷，但可看到日出的机会较多。

泰山日出

泰山日出是泰山最壮观的奇景之一，当黎明时分，游人站在岱顶举目远眺东方，一线晨曦由灰暗变成淡黄，又由淡黄变成橘红。几乎跟视线平齐的帷幔似的云彩，淡淡地镶上了一道美丽的金边。

慢慢地，浓浓云肚中奔腾起汹涌的火烧云，火烧云的范围迅速向外围扩展，形成了红色、闪亮的海洋，黑云慢慢后退，突然间，天地间一亮，只见红红的光线四面飘散，一个圆圆的红火球，从黑

暗深处迅速向上攀升，不大一会儿，就冲出了长长的地平钱，升腾在人民面前。啊，多么壮丽的日出！

神话传说

这里的神话故事、民间传说，如盘古开天、泰山神、泰山奶奶、石敢当、何首乌，等等，是中国文化的最朴实、最正统的见证。其中一则是讲述的"孤忠柏"的故事。

岱庙天贶殿前的露台下，甬道正中有一棵不算高大的柏树，其向南的一侧有一疤痕。据说，围着前面的扶桑石正转三圈，反

转三圈，然后再往北去摸此柏树的疤缝，如果能摸准，则是吉祥之兆，向泰山神求子则得子，祈福则得福，想发财的则可发大财，但是游人多不能摸准。

此柏虽然其貌不扬，看上去也不算古老，但它却有一个十分感人的故事。传说，自从武则天被高宗皇帝李治召进宫后，逐渐得宠，不久便废掉了王皇后，由武则天取而代之。

李治仁厚无能，上朝不能决断大事，需由宰相提出建议，然后由他恩准。武则天虽为女流之辈，却精通文史，御人有术，她当了皇后以后，逐渐代皇帝批示奏折，临朝参政。太子显逐渐长成以后，对母亲干预朝政甚为不满，屡有不同政见，由此触怒了武则天而召至杀身之祸。

追随太子显的大臣石忠，亦早已对武后参政十分反感，见太子被害，为了表示对太子的忠心，他拔剑剖腹而自杀，以示对武皇后的不满。石忠死后，其魂魄来到东岳泰山，面见泰山神，状告武则天任用酷吏，滥杀无辜，连自己亲生儿子也不放过，要求山神惩治其罪。

泰山神感其忠心，令其化作一棵柏树，侍立殿前，日夜守护着山神，赐名"孤忠柏"。如今游人所见树南面的疤痕，即是当年石忠剖腹的剑痕。

延 伸 阅 读

游泰山，5月至11月为佳，观日出则以秋季为最佳。岱顶夕照比之日出更吸引人，据说天气好的时候可以看见黄河。冬天要待下雪时，景色才出奇。雨天不要轻易放弃登山，此刻山上常会遇到云海奇观，若遇上日出云海就更幸运。黄金周期间泰山人太多，不过泰山上的缆车和盘山公路的管理工作确实做得很不错。

黄山

山峰小档案

海拔：1865米

所属山脉：黄山

所在国家：中国

对于黄山，许多的文人骚客都留有千古绝唱的铭记，他们或抒情，或纪实，或渲染，或写意。而李白的"黄山四千仞，

三十二莲峰"（《送温处士归黄山白鹅峰旧居》），更是寥寥数笔，即将黄山的景与诗人的情怀梳理的幽远贴切，让人向往，令人动颜。

地理概貌

黄山位于安徽省南部黄山市境内（景区由市直辖），为"三山五岳"中三山之一，有"天下第一奇山"之美称。黄山是道教圣地，遗址遗迹众多，传轩辕黄帝曾在此炼丹。徐霞客曾两次游黄山，留下"五岳归来不看山，黄山归来不看岳"的感叹。李白等大诗人也在此留下了壮美诗篇。黄山是中国十大名山之一，也是著名的避暑胜地和国家级风景名胜区和疗养胜地。1985年入选全国十大风景名胜，1990年12月被联合国教科文组织列入《世界文化与自然遗产名录》，是中国第二个同时作为文化、自然双重遗产列入名录的。

气候特征

黄山处于亚热带季风气候区内，地处中亚热带北缘、常绿阔叶林、红壤黄壤地带。由于山高谷深，气候呈垂直变化。同时由于北坡和南坡受阳光的辐射差别不大，局部地形对其气候起主导作用，形成云雾多、湿度大、降水多的气候特点，接近于海洋性气候，夏无酷暑，冬少严寒，四季平均温度差仅20℃左右。夏季最高气温27℃，冬季最低气温-22℃，年均气温7.8℃，夏季平均温度为25℃，冬季平均温度为0℃以上。年平均降雨日数183天，多集中于4月~6月，山上全年降水量为2395毫米。西南风、西北风频率较大，年平均降雪日数49天。

地质形成

黄山经历了漫长的造山运动和地壳抬升，以及冰川和自然风化作用，才形成其特有的峰林结构。黄山群峰林立，七十二峰素有"三十六大峰，三十六小峰"之称，主峰莲花峰海拔高达1864.8米，与平旷的光明顶、险峻的天都峰（天都峰海拔1810米，与光明顶、莲花峰并称三大黄山主峰，为36大峰之一）一起，雄踞在景区中心，周围还有77座千米以上的山峰，群峰叠翠，有机地组合成一幅有节奏旋律的、波澜壮阔、气势磅礴、令人叹为观止的立体画面。

　　黄山山体主要由燕山期花岗岩构成，垂直节理发育，侵蚀切割强烈，断裂和裂隙纵横交错，长期受水溶蚀，形成瑰丽多姿的

花岗岩洞穴与孔道，使之重岭峡谷，关口处处，全山有岭30处、岩22处、洞7处、关2处。前山岩体节理稀疏，岩石多球状风化，山体浑厚壮观；后山岩体节理密集，多是垂直状风化，山体峻峭，形成了"前山雄伟，后山秀丽"的地貌特征。

在第四纪时期，黄山曾先后发生了三次冰期，冰川的搬运、刨蚀和侵蚀作用，在花岗岩体上留下了很多冰川遗迹，形成了遍布黄山的冰川地貌景观。再加上出露地表以后，受到大自然千百万年的天然雕琢，终于形成了今天这样气势磅礴、雄伟壮丽的自然奇观。

黄山奇景

遍布峰壑的黄山松，破石而生，盘结于危岩峭壁之上，挺立于风牙决壑之中，或雄壮挺拔，或婀娜多姿，显示出顽强的生命力。黄山处处有松，奇特的古松，难以胜数。最著名的迎客松，还有卧龙松、探海松、黑虎松、团结松和寄生松等。多少年来，它们抵御风吹雨打，霜剑冰刀，吸取岩石中的点滴水分和营养，迎着阳光稳稳地屹立于峰崖之上。而黄山云流动于千峰万壑之间，或成滔滔云海，浩瀚无际，或与朝霞、落日相映，色彩斑斓，壮美瑰丽。

黄山四景，云海名列榜首，绕过迎客松，就领略到云海的神奇，眼前那座秀丽挺拔的山峰，在缭绕的云雾里时隐时现，时而略显轮廓，时而彰麓引出，时而清晰的近观到那傲然的苍翠，时而又模糊的只剩一片白茫。天柱峰也因陡峭而别具特色，羞涩的只剩下高耸的山尖在嘲弄着世人。

延 伸 阅 读

相传，当年轩辕黄帝带着术士容成子和仙人浮丘到这里游玩，他们感到这里有仙气，是炼神丹妙药的好地方，就住在山上炼起丹来。最后，轩辕黄帝和容成子、浮丘公终于把神丹练出来了，据说炼出的神丹如果吃下去，人就可以长生不老。他们吞了仙丹后，果真长生不老，就像现在的轩辕峰、容成峰、浮丘峰，不都是永远站在云端里吗？

峨眉山

山峰小档案

海拔：3079米

所属山脉：峨嵋

所在国家：中国

峨眉山大峨、二峨两山相对，远远望去，双峰缥缈，犹如画眉，这种陡峭险峻、横空出世的雄伟气势，使唐代诗人李白发出"峨眉高出西极天"、"蜀国多仙山，峨眉邈难匹"之赞叹。

壮丽景观

峨眉山以多雾著称，常年云雾缭绕，雨丝霏霏。弥漫山间的云雾，变化万千，把峨眉山装点得婀娜多姿。进入山中，重峦叠嶂，古木参天；峰回路转，云断桥连；涧深谷幽，天光一线；万壑飞流，水声潺潺；仙雀鸣唱，彩蝶翩翩；灵猴嬉戏，琴蛙奏弹；奇花铺径，别有洞天。春季万物萌动，郁郁葱葱；夏季百花争艳，姹紫嫣红；秋季红叶满山，五彩缤纷；冬季银装素裹，白雪皑皑。登临金顶极目远望，视野宽阔无比，景色十分壮丽。观日出、云海、佛光、晚霞，令人心旷神怡；西眺皑皑雪峰、贡嘎山、瓦屋山，山连天际；南望万佛顶，云涛滚滚，气势恢弘；北瞰百里平川，如铺锦绣，大渡河、青衣江尽收眼底。

峨眉山极巅

万佛顶为峨眉山最高峰，海拔3079.3米，取名"普贤住处，万佛围绕"之意。作为峨眉山原始森林生态旅游区，有万佛阁、高山杜鹃林、黑熊沟、仙人回头等景点。万佛阁高21米，雄伟庄严，悬于楼顶的"祝愿古钟"庄重威严。万佛阁撞钟颇有讲究，常撞击108次：晨暮各敲一次，每次紧敲18次，慢敲18次，不紧不慢再敲18次，如此反复两次，共108次，其含义是应全年12个月、24节气、72气候（5天为一候），合为108次，象征一年轮回，天长地久，祈福国泰民安，人间幸福。佛教也有称击钟108次可消除108种烦恼与杂念之说。万佛阁撞钟，是站在峨眉山极巅之上，面对四面十方普贤，用钟声叩响极乐世界的大门，传递美好的心愿。

气候特征

峨眉山山区云雾多，日照少，雨量充沛。平原部分属亚热带湿润季风气候，一月平均气温约6.9℃，七月平均气温26.1℃；因峨眉山海拔较高而坡度较大，气候带垂直分布明显，海拔1500米

~2100米属暖温带气候；海拔2100米~2500米属中温带气候；海拔2500米以上属亚寒带气候。海拔2000米以上地区，约有半年为冰雪覆盖，时间为10月到次年4月。

地质形成

中国地质史上中生代末期的燕山运动，奠定了峨眉山地质构造的轮廓，新构造期的喜马拉雅运动，及其伴随的青藏高原的抬升，造就了峨眉山。峨眉山由于山顶上是一大片古生代喷出的玄武岩，其下岩层受到保护而得以保持高度，又因山中内部"瀑流切割强烈"，进而形成了高2000米以上的"峡谷奇峰地形"。登山沿途地形因地层之分而多貌并存：如处于石灰岩层中则有藏九老洞之类岩洞地貌；经花岗岩及变质岩区，又形成深峡之姿；而山顶上坚实的玄武岩又是一番熔岩平台的景象。

延 伸 阅 读

相传，峨眉山只是一块方圆百余里的巨石，颜色灰白，高接蓝天，寸草不生。一个聪明能干的石匠同他的妻子绣花女决心将巨石打凿成一座青山。天上的神仙为他们的决心所感动。在神仙的帮助下，石匠把巨石凿刻成起伏的山峦，绣花女用彩帕变成苍翠的树林和飞瀑流泉，因为这座青山像绣花女的眉毛一样秀美，所以人们把这座青山叫峨眉山。

庐山

山峰小档案

海拔：1474米

所属山脉：庐山

所在国家：中国

巍峨挺拔的青峰秀峦、喷雪鸣雷的银泉飞瀑、瞬息万变的云海奇观、俊奇巧秀的园林建筑，庐山以雄、奇、险、秀闻名于世，素有"匡庐奇秀甲天下"之美誉。

地理概貌

庐山，山体呈椭圆形，典型的地垒式长段块山，长约25千米，宽约10千米，绵延的90余座山峰，犹如九叠屏风，屏蔽着江西的北大门，与鸡公山、北戴河、莫干山并称四大避暑胜地。庐山尤以盛夏如春的凉爽气候为中外游客所向往，是久负盛名的风景名胜区和避暑游览胜地。庐山上历代题诗极多，李白《望庐山瀑布》尤为著名。

庐山是中国享誉古今中外的名山，雄踞于江西省北部，紧靠九江市区南端的莲花镇附近。可谓一山飞峙，斜落而俯视着万里长江，山清水秀景色十分宜人。也只有由长江、庐山、鄱阳湖相夹地带，才会形成襟江带湖、江环湖绕，山光水色、岚影波茫之景象。故古人云："峨峨匡庐山，渺渺江湖间"，形容恰到好处。也正因是如此美景，庐山才不愧为一幅充满魅力的天然山水画卷。庐山是一座崛起于平地的巍巍峨峨的孤立形山系。它经过漫长复杂的地质运动：早在震旦纪就在浅海底开始沉积，经过"吕梁运动"慢慢升高露出水面受到锉磨，后下沉淹没于汪洋海水，直至白垩纪时发生"燕山运动"，掀起"褶皱"波涛重新露出水面，断块续升，定型山的骨架，又经长期积雪覆盖，到四世纪末地球变暖，再经更强烈的冰川剥蚀，因而造就了崔嵬孤突，峥嵘潇洒，雄俊诡异，刻切剧烈的地理特征。

自然生物资源丰富

庐山是千古名山，得全国人民厚爱及世界的肯定，获一系列

殊荣：首批国家重点风景区、全国风景名胜区先进单位、中国首批5A级旅游区、全国文明风景区、全国卫生山、全国安全山、中华十大名山、世界遗产——我国第一处世界文化景观、我国首批世界地质公园。

　　庐山是一座地垒式断块山，外险内秀。具有河流、湖泊、坡地、山峰等多种地貌。主峰——大汉阳峰，海拔1474米；庐山自古命名的山峰便有171座。群峰间散布冈岭26座，壑谷20条，岩洞16个，怪石22处。水流在河谷发育裂点，形成许多急流与瀑布，瀑布22处，溪涧18条，湖潭14处。著名的三叠泉瀑布，落差达155米。庐山奇特瑰丽的山水景观具有极高的科学价值和旅游观赏价值。庐山生物资源丰富。森林覆盖率达76.6%。高等植物近3000种，昆虫2000余种，鸟类170余种，兽类37种。山麓鄱阳湖候

鸟保护区，是"鹤的王国"，有世界最大的白鹤群，被誉为中国的"第二座万里长城"。

气候特征

庐山虽地处中国亚热带东部季风区域，但山高谷深，具有鲜明的山地气候特征。夏季凉爽，7月平均气温21.9℃。江湖水气郁结，云海弥漫，年平均雾日191天，有"不识庐山真面目"之称。年平均降水1917毫米，年平均相对湿度78%，每年7月~9月平均温度16.9℃，夏季极端最高温度32℃。良好的气候和优美的自然环境，使庐山成为世界著名的避暑胜地。

壮丽景观

庐山上的雾气，让庐山拥有了灵气、仙气。在山上，可能前一分钟还蓝天白云，可这一分钟雾气已经迷糊了你的视线。冷不防，山腰飘起一阵阵雾气，如同万千伏兵突然杀出，满山尘雾漫卷，顿时，树、竹、花、草尽披薄纱，悬崖削谷，都被飞絮填满。方圆数百里的庐山，此刻便都活了起来，灵秀飘逸，恍如动画。远处的山峰，一座座浮悬于天际。站在原地转上一圈，周遭的画面便已与前大不相同，横的岭、侧的峰都在不停地幻化换位，果然让人"不识庐山真面目"了。

雾气一上来，山峦就像一卷泼墨山水画，而灵动的雾气仿佛带活了画中的美景。距离产生美、朦胧加深美，大概说的就是这个意思了吧！大自然总是很懂得安排的，在这样的纬度、这样的高度送给了我们一座庐山，并且是独一无二的。

延 伸 阅 读

郭沫若于1965年7月来到庐山，住进著名的"美庐别墅"。8日清晨，郭老登上含鄱岭本想看日出，却遇到弥天大雾，就提笔写了《雾中游含鄱口偶感》："人到含鄱口，望鄱新有亭。湖山云里锁，天籁雾中鸣。无中实有有，有有却还无。东风吹万里，空山出画图。"他以诗人的敏锐闻到了雾中轻鸣的天籁之声，凭想象给空山画出了一幅美的图画。

华山

山峰小档案

海拔：2154米

所属山脉：华山

所在国家：中国

山前古寺临长道，来往淹留为爱山。双燕营巢始西别，百花成子又东还。这是元稹描绘华山的千古名句。读过之后华山的奇美和清幽自然就了然于眼前了。

地理概貌

华山位于陕西省西安市以东120千米历史文化古地渭南市的华阴县境内，是著名的五岳之一，也是五岳之首，海拔2154.9米。北临坦荡的渭河平原和咆哮的黄河，南依秦岭，是秦岭支脉分水脊北侧的一座花岗岩山。

壮丽景观

华山不仅雄伟奇险，而且山势峻峭，壁立千仞，群峰挺秀，以险峻称雄于世，自古以来就有"华山天下险"、"奇险天下第一山"的说法，正因为如此，华山多少年以来吸引了无数勇敢者。奇险能激发人的勇气和智慧，不畏险阻攀登的精神，更使人身临其境地感受祖国山川的壮美。

身入华山就仿佛进入另一洞天。天造地设的千仞立壁，自天而降的甘泉、瀑布，更有云雾灵气升降，飘游于诸峰之间。这朵盛开的奇花备受雨露、灵气的哺育，盛开在广阔的华夏天地之间。华山处于秦岭淮河地理分界线上，春接南来暖燥空气，化湿北去以滋润北方万物。秋迎西北来的冷空气。空气受山体阻挡，迅速上升，吹削山壁，年代久远，这也是华山壁立万仞，俊秀挺拔的原因之一。上升的气流也使华山秋季雨量较大，云雾变幻。

鸿声台处，尽是松树，层层叠叠、似无边无垠，这就是华岳松林，"哗啦啦"的波涛声，涛声巨大，使其他的一切声音都黯然失色，只能听到"哗啦啦"的松涛声，仿佛是天籁之音。华山

最为有名的奇松当数"迎客松"。于南峰仰天池西望，一松傲立崖上，苍郁优美、枝干苍劲，就像一人躬身伸臂作迎客状，故名为"迎客松"，树身直插石板之中，显示出极顽强的性格。

华山四季景色神奇多变，不同的季节可以欣赏到"云华山"、"雨华山"、"雾华山"、"雪华山"。

春季雨足雾稀，万物初醒，山花烂漫，是踏青访春的好去处；夏季能见度高，气候凉爽宜人，可看到日出和山间瀑布，时常伴有云海出现，让人不禁感叹"但闻人语声，不见有来人"之幽境；秋季温度适中，红叶满山，山崖为底松为墨，一抹绚烂令人心颤；冬季白雪皑皑，雪凇峭壁远山相望，给人以仙境美感。而日出则是华山一年四季都不可少的景致。

五峰特色

东峰是华山主峰之一，海拔2096.2米，隐居于东面故而得其名。峰顶有一平台，居高临险，视野开阔，人称朝阳台，因为是著名的观日出的地方，东峰也因此被叫做朝阳峰。

东峰由一主三仆四个峰头组成，朝阳台所在的峰头最高，玉女峰在西、石楼峰居东，博台偏南，宾主有序，各呈千秋。古人称华山三峰，指的是东西南三峰，玉女峰则作为东峰的一个组成部分。

南峰是华山最高主峰，海拔2154.9米，也是五岳最高峰，古人尊称它是"华山元首"。登上南峰绝顶，顿感天近咫尺，天上的星星仿佛伸手就可以摘到。举目环视，但见群山起伏，苍苍莽莽，黄河渭水如丝如缕，漠漠平原如帛如绵，尽收眼底，使人真正领略华山高峻雄伟的博大气势，享受如临天界，如履浮云的神奇情趣。

西峰是华山主峰之一，海拔2082.6米，因位置居西而得名。又因峰巅有巨石形状好似莲花瓣，古代文人多称其为莲花峰、芙蓉峰。西峰为一块完整巨石，浑然天成。西北绝崖千丈，似刀削锯截，其陡峭巍峨、阳刚挺拔之势是华山山形之代表，因此古人常把华山叫莲花山。登西峰极目远眺，四周群山起伏，云霞四披，周野屏开，黄渭曲流，置身其中若入仙乡神府，万种俗念，一扫而空。

北峰是华山的又一主峰，海拔1614.9米，因位置居北得名。北峰四面悬绝，上冠景云，下通地脉，巍然独秀，有若云台，因此又名云台峰。唐李白曾诗曰："三峰却立如欲摧，翠崖丹谷高

掌。白帝金精运元气，石作莲花云作台。"

峰的北面临白云峰，东近量掌山，上通东西南三峰，下接沟幢峡危道，峰头是由几组巨石拼接，浑然天成。绝顶处有平台，原建有倚云亭，现留有遗址，是南望华山三峰的好地方。峰腰树木葱郁，秀气充盈，是攀登华山绝顶途中理想的休息场所。

中峰居东、西、南三峰中央，海拔2037.8米，是依附在东峰西侧的一座小峰，古时曾把它算作东峰的一部分，今人将它列为华山主峰之一。峰上林木葱茏，环境清幽，奇花异草多不知名，游人穿行其中，香浥襟袖。峰头有道舍名玉女祠，传说是春秋时秦穆公女弄玉的修身之地，故而此峰又被称为玉女峰。

延 伸 阅 读

华山地区的文化氛围也是非常的浓厚，尤其是中国的传统文化，比如华山地区的皮影戏。华山皮影是一门传统而古老的戏曲造型艺术形式，它选用上乘牛皮做原料，通过制皮、画稿、雕镂、彩绘、熨平、合成等工序，创造出一个个鲜活生动、形象逼真、色彩绚丽的艺术形象，其题材多以传统戏曲人物和华山神话传说为主。

勃朗峰

山峰小档案

海拔：4810.9米

所属山脉：阿尔卑斯山脉

所在国家：法国、意大利

这是一座不断"长高"的山峰，愈加亭亭玉立，婀娜多姿，翩翩而来。它让世人喜、又让世人悲。让我们慢慢走进"白色少

女"探个究竟吧。

西欧的最高峰

勃朗峰，又译为：白朗峰，是阿尔卑斯山的最高峰，位于法国的上萨瓦省和意大利的瓦莱达奥斯塔的交界处。勃朗峰的最新高度为海拔4810.9米，它是西欧的最高峰。

勃朗峰位于法国和意大利边境。自小圣伯纳德山口向北延伸约48千米，最宽处16千米，包括9座海拔超过4000米的山峰。山体由结晶岩层组成。

勃朗峰地势高耸，常年受西风影响，降水丰富。冬季积雪，夏不融化，白雪皑皑，冰川发育，约有200平方千米为冰川覆盖，顺坡下滑，西北坡法国一侧有著名的梅德冰川，东南坡意大利一侧有米阿杰和布伦瓦等大冰川，建有科学研究实验站。

勃朗峰设有空中缆车和冬季体育设施，为登山运动胜地；山峰雄伟，风光旖旎，为阿尔卑斯山最大旅游中心。

勃朗峰下筑有公路隧道，起自法国的沙漠尼山谷到意大利的库马约尔，长11.6千米，法、意两国先后于1958年和1959年开工，分别从两端开凿，山岳位于阿尔卑斯山脉，沿法意边界延伸、进入瑞士，最高峰在法国境内。山岳四周是格雷晏阿尔卑斯山脉，沙莫尼山谷和萨瓦阿尔卑斯山脉。

勃朗峰的发现及征服

勃朗峰意大利一侧，意大利科学家马泰尔于1742年，德吕克于1770年，及以后的索绪尔最早使人们注意到白朗峰是西欧最高的山，促使一些探险家去攀登此峰。坐落于勃朗峰脚下的沙莫尼镇的

一位医生帕卡德及其脚夫巴尔马特于1786年征服了这座最高峰。

帕卡德的成就为登山史上的一件大事，但第二年索绪尔也登上此峰，超过了他的成就。登山失败的布里特出于嫉妒心理，出版了一本书对第一次登山大肆歪曲，他捏造谎言说登山之举应完全归功于农民巴尔马特。

登山是勇敢者的事业，任何污蔑和诋毁都不能抹杀登山英雄的业绩。因为他们的荣誉是拿生命换来的。由于勃朗峰山势险峻，山顶终年积雪，千年冰川上遍布裂缝，导致登山事故时有发生。据报道，2012年法国境内的阿尔卑斯山勃朗峰地区12日发生雪崩，就造成9名登山者死亡。

遇难的9人中包括2名西班牙人，3名德国人，3名英国人，1名瑞士人。此外，另有9人受轻伤。伤亡者是来自一支超过20人的登山团队，他们当天凌晨从海拔3600米高的营地出发登山。根据警方提供的信息，那次雪崩是近年来造成伤亡最严重的一次。

不断长高的缘由

法国测量官员宣布位于法国和意大利边界的西欧第一高峰勃朗峰的最新高度为海拔4810.9米，这比此前的"官方数据"高出了将近4米。究其原因，气象学家扬·吉贞丹纳解释说，阿尔卑斯山地区的总降水量并没有增长，但由于受气候变暖的影响，这一地区的降水变得不均匀。

在夏天，频繁的西风从大西洋上空带来大量降水，在海拔4000米以上的地区，降水的形式为温度较高的黏稠的雪，这些黏稠的雪很容易附着在高山冰层上，并加厚这里的冰层。而在冬天，阿尔卑斯山地区的降水则有所减少，而且冬天冰冷稀薄的雪

很容易被风吹到山谷里，很难附着在原有的冰层上。正是由于这一独特气候，勃朗峰海拔4800米以上部分的冰层体积在2007年突然增加了近1万立方米，这就是它"长高"的原因。

延 伸 阅 读

　　沙莫尼小镇是位于勃朗峰山谷狭长平原里的一个小镇，这个仅仅有万余口的小镇，是攀登勃朗峰的最佳起点。它位于法国东南部，在里昂大区内，处于欧洲中心的咽喉要地和中转站，濒临意大利和瑞士。

艾格峰

山峰小档案

海拔：3970米

所属山脉：阿尔卑斯山脉

所在国家：瑞士

艾格峰位于瑞士因特拉肯市正南处，是瑞士境内的阿尔卑斯山脉群峰之一，海拔3970米，与著名的少女峰、僧侣峰并排耸立。艾格峰的北侧异常陡峭，刀削般的绝壁就连皑皑白雪也堆积不住。

欧洲第一险峰

艾格峰平均坡度70度，垂直落差1800米，敢于向这一组数字挑战的人，需要高超的攀登技巧和过人的勇气，这里是国际登山界公认的难关。艾格峰因山势险峻而被视为"欧洲第一险峰"，与马特洪峰、大乔拉斯峰并称为"欧洲三大北壁"。1938年德国与奥地利的登山家们首度从北壁成功攀登了艾格峰。

勇攀"杀人坡"

由艾格峰险要的北坡成功登顶成为了无数登山爱好者一生的梦想。艾格峰是由爱尔兰人和瑞士导游于1858年8月11日从西侧翼首次登顶，这条线路至今仍然是标准线路。虽然此峰在1938年就有人攀登，但具有传奇色彩的艾格峰北坡还是吸引了那些勇于挑战极限的登山者的目光。超高的技术难度和严重的山体滑坡也为它赢得了"杀人坡"的"美誉"。

一次，刚刚从征服少女峰的旅程中返回的一名登山者，希望寻找一条真正具有挑战性的旅行线路。他得到的回答是："试一试艾格峰或马特洪峰！"

由于艾格峰的北坡经常有滚石，加上那里的气候不稳定，使得从北坡攀登艾格峰变得异常艰难，这也使公众更加关心艾格峰。1864年，英国人露西沃克成为第一位登上艾格峰的女性。她的向导依然来自伯尔尼高地。他们完成这项壮举共花费了约90个小时。1938年7月21日和24日，德国人以及奥地利人分别成功地从北坡登上了艾格峰。在此之前，共有9名登山者在北坡丧生。

首次攀登艾格峰时的一名登山者就与同伴一起坠落，悬在峭壁上达一夜之久，并于次日救援到达时身亡，成为阿尔卑斯登山

历史上最著名的一个悲剧。现在，北坡一共被划分为30条不同的线路，其中有些线路的攀登难度极高。艾格峰的公众关注度仅次于马特洪峰和珠穆朗玛峰。

延 伸 阅 读

　　石灰岩简称灰岩，以方解石为主要成分的碳酸盐岩。有时含有白云石、黏土矿物和碎屑矿物，有灰、灰白、灰黑、黄、浅红、褐红等色，硬度一般不大，与稀盐酸反应剧烈。

圣米歇尔山

山峰小档案

海拔：88米

所属山脉：圣米歇尔山

所在国家：法国

圣米歇尔山位于芒什省一小岛上，距海岸两千米。小岛呈圆锥形，周长900米，由耸立的花岗石构成。海拔88米，经常被大片沙岸包围，仅涨潮时才成岛。圣米歇尔山及其海湾，1979年列入世界遗产名录。

巨潮奇景重现

圣米歇尔山，天主教中文称"圣弥额尔山"，是法国诺曼底附近，为法国旅游胜地，也是天主教徒的朝圣地，山顶建有著名的圣弥额尔山隐修院。圣米歇尔山及其海湾于1979年被联合国教科文组织列为世界遗产。它所处的圣马洛湾以涨潮迅猛而出名，观潮于是成了圣米歇尔山一大景观。每逢傍晚，大西洋的潮水会以迅雷不及掩耳之势奔腾而来，刹那间将它四周的流沙淹没，顿时一片汪洋，只有那条长堤与陆地相连。每年春天和秋天，会有两次大潮出现，一次在3月21日左右，另一次是9月23日左右。每当此时，圣米歇尔山人山人海，热闹异常。

如同大金字塔对埃及一样重要

圣米歇尔山的阿弗郎什小镇上，有阿弗朗什的圣维杰珍宝室，今人还可见到据称是留有天使指孔的奥贝尔主教的头盖骨。

此后，无数的教士和工匠将一块块花岗岩运过流沙，一步步拉上山顶。众多建筑师和艺术家在这些坚硬的岩石上修整和雕琢。经过一代又一代人的艰苦努力，直到16世纪，圣米歇尔修道院才真正完工，人们整整忙活了8个世纪。

后来，人们又在山脚下修建了众多的店铺和旅馆。圣米歇尔修道院建成后，它不仅是善男信女的朝圣之地，也是人们旅游的理想场所。在1337年至1453年的英法百年战争中，曾有119名法国骑士躲避在修道院里，依靠围墙和炮楼，抗击英军长达24年！因为每次只要坚守半天，势如奔雷的涨潮就会淹没通往陆地的滩涂，为爱国者们赢来宝贵的半天休息时间。

这场旷日持久的战争中，此岛是该地区唯一没有陷落的军事要塞。圣米歇尔山耸立在法国北部诺曼底和布列塔尼之间的海面上，面积很小，直径只有1千米，山也不高，但山顶的修道院却比它高出近两倍。圣米歇尔山将大自然的巧夺天工与人类的智慧、毅力系于一身。虽没有凡尔赛宫的金碧辉煌、埃菲尔铁塔的宏伟壮观、卢浮宫的绚丽多彩、香榭丽舍大街的缤纷繁华，但每年来此游览和观潮的人多达350万。大文豪雨果曾说，圣米歇尔山对法国如同大金字塔对埃及一样重要。

西方奇迹

圣米歇尔山修道院是为大天使圣米歇尔建造，也是杰出的技巧与艺术的绝技两者与独特的天然环境相结合的产物。古时这里是凯尔特人祭神的地方。

公元8世纪，圣米歇尔神父在岛上最高处修建一座小教堂，奉献给天使长米歇尔，成为朝圣中心，故称此处米歇尔山。是当今"西方奇迹"的宏伟建筑。

　　修道院虽然经诸多建筑师设计，但依旧保持着朴实无华、古色古香的格调，令人无处不感受到本笃教徒那静思冥想、严苛简朴的苦行僧生活。修道院的北大殿，是修道院最隐蔽的地方，外人不允许越雷池一步，只有修士们才有资格自此拾阶进入教堂。

　　如果说教堂以其雄伟挺拔的阳刚气派显现着博大精深之道，那么内院与回廊则刚柔相济，展示着修道院诗情画意般的和谐，还似乎可以直接聆听神的心声；言其画意，是因为回廊本身便是一幅幅绝妙的立体几何图，它们所表现出的阴柔娇媚之秀色，使来访民者无不赏心悦目。

　　1979年联合国教科文组织将圣米歇尔山修道院评为世界文化遗产，其拉梅赫维尔教堂的建筑风格便是重要依据之一。站在拉梅赫维尔教堂外的回廊平台上，极目远眺便能看见烟波浩渺波澜壮阔浩瀚的大西洋，此刻你便会感觉到这圣米歇尔山修道院就宛如大西洋波涛中的一艘永不沉没的航船。圣米歇尔山与其附近的海湾也是一处优美的自然景观，它的文化和历史与自然的完美结合使其成为人类的宝贵遗产。

孤岛将不孤

　　圣米歇尔山最有神秘感的就是"朝现夕隐"现象，白天大海退潮时，水落石出，通往修道院所在的岛的路显现出来，可是到了黄昏就开始涨潮，天一黑，岛就变成了孤岛。如果白天忘了走就会被困在岛上。

19世纪后人工长堤被修建，从此圣米歇尔山一个月只有两次，在满月和新月时才成为孤岛。然而现在山周围的地势渐渐变高，现在只有在天文大潮来临时，圣米歇尔山才会显现为海岛。闻名世界的"孤岛仙山"面临着"孤岛不孤"的严重威胁。

据专家估测，如果再不采取紧急措施，圣米歇尔山将在2042年被沉积物完全掩埋，届时将不再有"孤岛"和"仙山"，留给人们的只是与大陆连成一片的平地，唯一可看的也许就只是矗立在平地之上的一座雄伟的修道院。

面对可能出现的"孤岛不孤"的危机，保护圣米歇尔山海岛风貌的工程就成了法国民众热议的一个话题。

趣味故事

据说，当时一位来自阿弗郎什小镇的红衣主教奥贝梦见大天使圣米歇尔，圣米歇尔示意他建造一座建筑物以显示其伟大。前两次主教并未当真，一天夜里，圣米歇尔天使在电闪雷鸣中第三次出现在奥贝的梦中，他用自己的神指在奥贝脑门上点了一下，从梦中醒来的奥贝主教摸到了脑门上的凹痕，恍然大悟立刻赶往墓石山，着手完成大天使的神旨。圣米歇尔山上就这样有了第一座教堂。

圣米歇尔山从布列塔尼海岸望去如同一个童话世界：周围是碧洋白沙，教堂钟楼尖顶上舒展着巨翼的天使—圣米歇尔的金像如同一个明亮的光点与日争辉。

延 伸 阅 读

圣米歇尔大教堂分祭坛、耳堂和大殿三部分。大教堂呈十字形，大殿为典型的罗马风格，其穹隆的开间多达7道，两侧的拱门式长廊之上的楼廊砌有罗马式的拱窗，以保证教堂的通风与采光。这种教堂的建筑风格在诺曼底一带很有代表性，曾经风靡一时。

楚格峰

山峰小档案

海拔：2962米

所属山脉：阿尔卑斯山脉

所在国家：德国

流传许多神秘的地方

楚格峰，海拔2962米，属于阿尔卑斯山脉，是德国的最高山

峰。它位于北纬47度25分，东经10度59分，在德国巴伐利亚州和奥地利边境附近，是楚格山脉的主峰，山脉中有两条在德国极其罕见的冰川。坐落在楚格峰顶下350米，是河谷上的平坦高原，是德国最高的滑雪场，也是唯一的冰川滑雪场。

关于楚格峰，在德国居民中流传许多神秘动人的传说故事。由于山峰险峻，云雾缭绕，无人敢去探山。

人们都说，楚格峰是不欢迎人们去探山的，想征服它的人从来都是有去无回。直到1821年，27岁的年轻少尉璐斯才第一次登上它的顶峰，为巴伐利亚王国勘探了王国的边界。从此揭开了楚格峰神秘的面纱。

楚格峰前有两座雪峰昂然矗立，大的叫大法克森峰，小的叫小法克森峰，高度也超过两千米，远远望去，像是伫立在楚格峰前的两个卫士。壮观的楚格峰是德国人民深爱的一座山峰，是德国人民的骄傲。

齿轮火车

要上到楚格峰的峰顶，有两种途径，一种是乘车，一种是徒步攀登。由于楚格峰山势险峻，攀登极为困难，一般登山者必须经过充分准备，并要具有一定的登山经验，还要有坚强的毅力和坚定的信念。上山的路有两条，一条路线较缓，全程约需10小时；一条较陡，全程也需10小时。登山者往往身背包裹，拿着绳索和镐头，历经艰险才能顺利到达顶峰。

乘车登山则是比较方便安全的方法。首先从山脚下的小镇加尔密希出发，到格赖瑙换车乘坐真正的爬山火车。这种爬山火车又叫齿轮火车。特点就是在每节车厢底盘上安有两个巨大的齿

轮，路轨正中加了一条齿槽，列车行驶时，齿轮紧卡齿槽，只能前进，不会下滑，保证了行车安全。

山顶是一座木制的大平台，可容纳数百游客。站在峰顶上只能看到飘忽不定的迷雾，高峰周围的自然风貌，已被云雾笼罩住，连太阳也遮掩到浓雾之中。只有在云雾的缝隙中，才能看到下面绿水青山。

楚格峰为德奥两国的共同拥有的山峰，在奥地利一面也设有缆车上下山。从山顶沿一条羊肠小路下山，见到奥地利界碑，即来到奥地利地界，界墙上留有游客的留言。

"最高"婚礼

楚格峰经常能有六个月的积雪期，因此是理想的滑雪地区，缆车每小时可以将1.2万客人送上雪道。滑雪能手可以从那里做大回环，而新手可以先在练习场上操练。

据非正式统计，大部分游览加米斯的游客，都有一个共同目标，就是试图征服德国最高的楚格峰。登楚格峰路径有二，其一是搭乘蓝白色齿轨铁路到2600米高的楚格高原，沿途欣赏雪岭冰河，亲身感受永恒雪地的奥秘。

另外，可选择从山下的艾比湖乘吊车直登2964米高的山顶观景台。楚格峰顶有一作指示之用的金色十字架，说明你已经登上了德国的最高点。

如天气晴朗，登山过程保守估计可饱览400个阿尔卑斯山峰，360度俯视德国、奥地利、瑞士和意大利的山峦，享受"一览众山

小"的快感。而这样的天气每年有100多天，这在阴霾出名的德国实在是个幸运的例外。

离山顶约300米处有德国海拔最高的婚姻登记处和教堂。青年登山爱好者可以特地来楚格峰登记结婚，在当地的教堂里，举行全德国"最高"的婚礼。此外还有一家网吧，从这里，游客可以向他们在世界各地的朋友致以"全德最高"的敬意。

延 伸 阅 读

缆车是由驱动机带动钢丝绳，牵引车厢沿着铺设在地表并有一定坡度的轨道上缆车运行，用以提升或下放人员和货物的运输机械。它多用作工矿区、城市或风景游览区的交通工具。其利用钢绳牵引，实现人员或货物输送目之设备的统称或一般称谓。

奥林匹斯山

山峰小档案

海拔：2917米

所属山脉：奥林匹斯山脉

所在国家：意大利

希腊神话之源

奥林匹斯山坐落在希腊北部，近萨洛尼卡湾，被誉为希腊神山。是塞萨利区与马其顿区间的分水岭。其米蒂卡斯峰，高2917

米，是希腊最高峰。为了与南面相邻的"下奥林匹斯山"相区别，又称"上奥林匹斯山"，是由非洲大陆与有欧亚大陆挤压而成。是奥运圣火精神源头。奥林匹斯山是古希腊成为欧洲文化发源地不可缺少的元素，是西方文明起源之地。也是希腊神话之源。

奥林匹斯山东北与希腊北部名城塞萨洛尼基遥对，其名称的希腊语意为"发光"，但也可能来源高加索语"山"一词。属爱琴海塞尔迈湾附近的奥林帕斯山脉，跨马其顿和色萨利边界。一称上奥林匹斯山，以别于南侧的下奥林匹斯山。山顶终年积雪，云雾笼罩。长久以来被认为是众神的居住地。

神圣峻峭的山

奥林匹斯山是一座神圣的峻峭的山，雄伟壮丽，巍然耸立在希腊的群山之中。冬天，白雪皑皑的山峰，夏天，谷地绿树成荫。每天，当太阳从东方升起时，曙光首先照射到这座圣山的顶峰；当太阳下山时，辉煌的奥林匹斯山顶峰又洒满了夕阳。有时，大块大块的乌云也会从四面八方朝这座山的山坡飘来，于是，山谷一片昏暗，狂风大作，大雨倾盆。然而，大神们就选择了这块地方来建造他们的宫殿并在这里治理世界。在云海之上，是一条条柱廊，柱廊前面是长着奇花异草的花园。

奇妙的是强风从来不会刮到这个乐园，这些坚如磐石的宫殿，上空也从未出现过暴风骤雨。山顶上总是风和日丽，阳光明媚，花香扑鼻。奥林匹斯山上的大神和小神就是这样度过他们的日子的。他们平时就生活在这种幽静的环境里，只是偶尔下凡人间。他们下凡人间时，都以人的面貌或以动物的形态出现。

奥运会的鼻祖

奥林匹斯山众神图一直被奉为经典。古希腊神话中最令人心旌荡漾的一章是：居住在奥林匹斯山上的天神宙斯主宰着天地万物。为了表达对宙斯的崇敬祈求，希腊人在奥林匹亚地区举行盛大的祭祀。

他们进献上牛羊作为祭品，同时还要进行短跑竞赛活动。最早的竞赛项目只是200码短跑，大约是182米。后来逐渐增加了摔跤、掷铁饼、投标枪、赛马和赛车等项目。

众神之神的宙斯摔跤赢了科罗诺斯，阿波罗拳击打败了阿里斯，在跑步中超过了赫米斯……每一个竞赛优胜者要戴上桂冠，戴着桂冠的优胜者被当做神来崇拜。最著名的诗人向他们奉献赞美诗，第一流的艺术家为他们在奥林匹亚建造纪念雕像。优胜者的家乡把他们当做出征凯旋的英雄来欢迎，有的城市还故意把城

墙打开一个缺口，让他们像征服者那样进城。

古希腊人认为，居住在奥林匹斯山上的众神创造了奥运会。这是一个健康心态的民族所拥有的正常的理性思维，他们用强壮和永争第一的信念左右着整个社会的发展方向，哲学家、科学家注重的是德智体的发展，优胜者得到最高的荣誉，受到普遍的尊敬。

奥林匹克运动会是古代希腊生活中一项极为重要的事件。甚至战争也要为运动会让路。交战的双方会暂停攻击，等到5天运动会结束以后再继续开火。可以想见，当健壮的运动员在场内奔跑、投掷时，场外已是刀枪林立，杀气腾腾，但希腊人没有理会，他们因发力而绷起的肌肉是对和平的渴望，是对敌人的嘲笑，是对奥运会的向往和对战争必胜的信心。

被古希腊人尊奉为"神山"

古希腊人尊奉为"神山"，他们认为奥林匹斯山位于希腊中心。古希腊人信奉的诸神众多，包括有主神宙斯、天后赫拉、海神波塞冬、智慧女神雅典娜、太阳神赫利俄斯、月亮与狩猎女神阿尔忒弥斯、谷物女神德墨忒尔、火神赫菲斯托斯、战神阿瑞斯、众神使者与亡灵接女神赫尔墨斯、灶神或家室女神赫斯提。

古希腊人认为这些神祇都居住在雄伟的奥林匹斯山中，他们在这里饮宴狂欢、主宰地球。主神宙斯就居住在陡峭险峻的弥形山峰——斯泰法尼峰峰顶，他呼风唤雨，投雷掷电，降祸赐福，随意施行，不仅主宰人类，而且主宰诸神。

　　当希腊人登上奥林匹斯山时，想到那些神祇就近在咫尺，随时可见，也并不是一件很吉祥的事。于是渐渐地改变了自己的看法。他们开始认为他们想象中的奥林匹斯山远在天边，诸神居住在那个可望而不可及的遥远的地方，具有更神圣的魅力。但无论怎样，奥林匹斯山仍是希腊人心目中一座美丽的山峰。

　　圣火最早是由古希腊的一位叫普罗米修斯的神带到人间，普罗米修斯希腊语意为"先知者"。他看到人间没有火，而当时众神之王宙斯，又把火种紧紧地看住，不把它交给人间，于是，普罗米修斯就盗取圣火交给凡人。后来，每届奥林匹克运动会都要到奥林匹亚去取圣火，人们以此祭拜盗火下凡的普罗米修斯，并象征着奥运精神薪火相传。

众神领袖

　　奥林匹斯山众神领袖宙斯是克洛诺斯之子。克洛诺斯是时间的创造力和破坏力的结合体，他的父母是天神乌拉诺斯和地神该亚，他的妻子是掌管岁月流逝的女神瑞亚。瑞亚生了许多子女，但每个孩子一出生就被克洛诺斯吃掉。当瑞亚生下宙斯时，她决心保护这个小生命。她用布裹住一块石头谎称这是新生的婴儿，克洛诺斯将石头一口吞下肚里。于是，宙斯躲过一劫，他被送到克洛诺斯的姐姐宁芙女神那里抚养。

　　宙斯长大成人后知道了自己的身世，决心救出自己的同胞兄弟。他娶智慧女神墨提斯为妻，听从妻子的计谋，引诱父亲克洛诺斯服下了催吐药，克洛诺斯服药后不断呕吐，把他腹中的子女们都吐了出来。他们是波塞冬、哈迪斯、赫斯提亚、德墨忒尔以及赫拉。为了酬谢他们的兄弟宙斯，他们同意把最具威力的武器雷电赠给他。

宙斯对其父的暴政极为反感，他联络众兄弟对其父辈进行了一场战争。宙斯为了尽快取胜听取了兄弟普罗米修斯的建议，放出了囚禁在地下的独眼巨人和百臂巨灵，这六位地母之子有着非凡的力量，宙斯和他的兄弟们终于取得了胜利。他们的父亲和许多泰坦神被送进了地狱的最底层。伟大的胜利之后到了决定谁来做王，宙斯和他的兄弟们都互不相让，眼看他们之间又要开战，这时普罗米修斯提出用拈阄来决定。结果，宙斯做了天上的王，波塞冬做了海里的王，哈迪斯做了地狱的王。

延 伸 阅 读

由奥林匹斯山上的神创造的第一届奥运会就在奥林匹亚小镇的山脚下举行，这里现在看上去如同一条干涸的河道，被绿草缓坡包围着，已完全看不出有任何跑道的痕迹。但如果你细心寻找，会发现一条门槛般的石线，那就是2700多年前的起跑线。

克里米亚山

山峰小档案

海拔：1545米

所属山脉：克里米亚山脉

所在国家：乌克兰

气候特征

克里米亚山南麓滨海地带长约150千米，宽2千米—8千米，属亚热带气候，冬季温和，1月份平均气温4℃，年降水量500毫米~700毫米。

这里气候宜人，景色优美，交通便捷，旅游、疗养区和城镇呈珠状分布，是著名的疗养、旅游胜地。

地理概貌

罗曼科什山，在乌克兰境内，为克里米亚半岛最高峰，

海拔1545米。克里米亚山脉位于克里米亚半岛南部，由三排山组成，克里米亚山脉全长150千米，宽50千米，山区栎、山毛榉、松林茂密，山顶为草地，已有多处被辟为自然保护区。

克里米亚山是死火山，卡拉达格火山是它的最大喷火中心之一。卡拉达格火山是著名的旅游区，它位于菲奥多西亚市的西南部，海拔574米，火山面积非常辽阔，共有约150平方千米。

在这里，随处可见火山爆发以及地壳剧烈运动形成的独特地形地貌，岩层褶皱、弯曲、隆起，折断，石浪滔滔，岩流滚滚，火山灰、火山弹、角砾石等火山爆发时的痕迹比比皆是。

奇石异洞

恰提尔达格山是克里米亚山脉的又一处主要山脉。它位于阿卢代塔的西北部，距离海岸6～8公里。恰提尔达格山是梯形山地，西部稍高，匍伏而上，山顶较为平坦。

恰提尔达格山的最高峰是艾克里兹布隆峰，海拔1525米，登山艾克里兹布隆峰向下望，只见克里米亚半岛蹲卧在山脚，山脉伸入海域，海山交错，景色壮观。

恰提尔达格山主要由石灰岩构成，喀斯特现象形成了千姿百态的岩溶地貌，山间泉水时隐时现，泉声悦耳，山色迷人。这一带的奇石异洞很多，较著名的有"冷洞"、"千首洞"、"长洞"等。

冷洞是恰提尔达格山最大的岩洞，洞口宽阔形如拱门，可以直达洞底，这里既像地下室，又像一座迷宫，洞内有池，池水清冷，因而称作"冷洞"。

冷洞洞顶有钟乳石垂下，地面随处可见钟乳石柱、石笋，人行其中，如入水晶宫。

千首洞距离冷洞不远，是一个没有尽头的幽暗山洞，传说这里有许多人头盖骨和成堆的骨头，很可能是被敌人活埋惨死者的洞穴，因此称"千首洞"。长洞位于冷洞与千首洞之间，可供旅游者夜宿。克里米亚半岛上最长的河流萨尔吉尔河，就发源于北山坡的山洞里。

延 伸 阅 读

克里米亚山脉的另一处山脉卡达拉格山以复杂雄奇的轮廓而著称，它的南坡直抵海边，峭壁悬崖经过长期的风化作用，其形态千奇百怪，有的如仙山楼阁，有的像森严的堡垒，有的壁立如剑，非常壮观。

拉什莫尔山

山峰小档案

海拔：1800多米

所属山脉：布拉莱克山地区

所在国家：美国

巨像的风采

在美国南达科他州的黑山地区，有一座石刻山——拉什莫尔

山，山上的雕像凝视着远处布莱克山区的乡村。山高1800多米，刻有华盛顿、杰斐逊、罗斯福、林肯4个巨大的石雕像，石像的面孔高18米，鼻子有6米长。4个巨像如同从山中长出来似的，山即是像，像即是山，巨像与周围的湖光山色融为一体，形成了著名的旅游胜地，每年有200多万来自世界各地的观光者到此来领略巨像的风采。与复活节岛上的石像，或者埃及古萨金字塔前的狮身人面像这类成百上千年前的雕像不一样，拉什莫尔山雕像是20世纪相对现代的杰作，这个高18米的作品是雕塑家古松·博格勒姆1927年开始，1941年完成的，1942年对外开放。

美国总统的象征

1885年，美国纽约的著名律师查尔斯·E·拉什莫尔将其在南达科他州布拉克山所拥有的矿山附近的一座花岗岩山以其姓氏命名为"拉什莫尔山"，这就是拉什莫尔山名字的来由。在拉什莫尔山上建造雕塑的初衷是为了吸引更多的人前来布拉克山地区旅游，然而这个建造计划却引发了美国国会和时任总统卡尔文·柯立芝之间旷日持久的争论。最终，建造计划获得了国会的批准。时至今日，拉什莫尔山不仅成为了一个世界级的旅游胜地，还成为了美国文化中美国总统的象征。同时，在当代流行文化的影响之下，拉什莫尔山也衍生出了许多其他含义。

1927年，柯立芝总统宣布将拉什莫尔山辟为国家纪念场，雕刻工程也同时开始。之后他的儿子林肯继承父业，终于在1941年底完成了这项令世界瞩目的工程。

拉什莫尔山上的4个巨人雕像，他们分别是华盛顿、杰斐逊、罗斯福、林肯总统。这组巨型雕像既突出了每个人的性格特征，又巧妙地组合在一个统一的构图之中。

如果按照年代排列，罗斯福应该排在林肯之后，但是出于艺术上的考虑，把罗斯福放在林肯的左边使它与两旁的雕像形成了更为鲜明的对比。4座雕像的面部虽然不朝向一个焦点，但是他们都看着远方，而且排列在相同的高度，左边3座雕像颈项以下的横线都是连贯的，隐去了3人的胸肩，彼此融为一体，有机地统一起来，加强了雕像间形与神的联系。

拉什莫尔山的石像可以说是科学与雕刻相结合的人类杰作。每年6月至9月间，为了使游人在晚上也能欣赏到这一艺术巨作，这里还备有照明设备，在灯光下观赏石雕，自然又有另一番情趣和特殊的艺术效果。博格勒姆在他看到拉什莫尔山时曾说："美

利坚将在这条天际线上延伸"。1925年3月，美国国会正式批准建设拉什莫尔山国家纪念公园。

动植物的家园

拉什莫尔山动植物的分布和构成情况与其所在的南达科他州布拉克山地区类似，纪念公园已经成为了许多布拉克山地区具有代表性的动植物栖息的乐土。诸如红头美洲鹫、秃鹫、鹰和草地鹨等大型鸟类经常在拉什莫尔山上空盘旋，它们还时常将自己的巢穴筑在山体的岩壁上。

而一些体形相对较小的鸟类，比如鸣禽类、五子雀、啄木鸟等，则大都生活在山脚四周的松树林里。此外，公园里还繁衍生息着老鼠、花鼠、松鼠、臭鼬、豪猪、浣熊、海狸、郊狼、大角山羊和野猫等哺乳动物，它们中有不少是美国原产的动物。

同时公园里面还生活着若干种青蛙和蛇。公园中还有两条小溪，分别叫"灰熊溪"和"椋鸟洼地溪"，它们为长鼻鲦鱼和溪鳟鱼提供了栖身之地。也并非所有生活在当地的动物都是土生土长的。当地的山羊就是由从卡斯特州立公园中逃出来的羊群繁衍而来，在海拔较低处，主要由北美黄松构成的针树林覆盖了公园的绝大部分地区，制造了大片的绿荫，当然还有其他诸如刺果栎、云杉和白杨等树木夹杂其间。

拉什莫尔山附近一共生长着9种灌木，同时还有种类繁多的野花，特别是金鱼草、向日葵和紫罗兰等。值得一提的是，在拉什莫尔山所在的布拉克山区，仅有5%左右的植物是土生土长的。

雕刻家的工作室与纪念币

旅游业是拉什莫尔山附近南达科他州的第二大产业。拉什莫尔山一直以来就是该州吸引游客数目最多的景点，仅2004年就有超过200万的游客慕名前来观光。

林肯·博格勒姆博物馆坐落于纪念公园内。它拥有两个125个座位的电影院，这两个电影院不停地播放着一部长度为13分钟

的关于拉什莫尔山的短片。

博格勒姆博物馆的上方，就是观赏雕塑的最佳地点是——大观景台。总统之路，是指一条从大观景台开始并穿过黄松林最终到达雕刻家工作室的小径，它为人们更近距离地接触纪念馆提供了很好的机会。

雕刻家工作室由林肯·博格勒姆的父亲格曾·博格勒姆建造，内有对于整个雕塑建造过程以及所使用的工具的简介。临近黄昏时，电影院还将播放一部长度为30分钟的介绍纪念公园的节目。随后，整座拉什莫尔山将会被灯光所照亮，灯光照明每天持续2个小时。

延 伸 阅 读

拉什莫尔山这个不同凡响的艺术巨作系出自美国艺术家格曾·博格勒姆之手。1923年美国历史学家多恩·罗宾逊首先萌发出在群山上雕刻巨像的念头，1924年秋，他邀请博格勒姆前来观看地形。博格勒姆一眼望见由花岗石形成的拉什莫尔山立即形成这个宏伟的想法。

埃尔伯特山

山峰小档案

海拔：4399米

所属山脉：落基山脉

所在国家：美国、加拿大

埃尔伯特山名称源自印第安部落名。最受欢迎的旅游胜地，山区景色奇特优美，每年更有数百万人到此旅行游览。

地理概貌

　　埃尔伯特山是属于美洲的科迪勒拉山系落基山脉的最高峰，海拔4399米。埃尔伯特山所在的落基山脉，是北美洲西部主要山脉，全长4500千米，纵贯加拿大和美国西部。整个落基山脉由众多小山脉组成，其中有名的就有39条山脉。除圣劳伦斯河外，北美几乎所有大河都源于落基山脉，是大陆重要分水岭。山脉广袤而缺乏植被。

　　埃尔伯特山附近比较年轻的部分，是在白垩纪时代隆起的。在寒武纪中期的地层，接连发现了名叫"奇虾"及"怪诞虫"的化石，与现在的生物相比，它们的形状实在不可思议。

　　埃尔伯特山附近的蒙大拿州贝尔图斯岭的森林坡地西面为大盆地，存在着不同的地形和水系。诸多山脉高耸入云，白雪覆顶，极为壮观。大部分山脉平均海拔达2000米到3000米，有的甚至超过了4000米，如埃尔伯特峰高达4399米，加尼特峰高达4202米，布兰卡峰高达4365米等。

在这个埃尔伯特山附近的加拿大境内，有许多著名的公园组成了"加拿大落基山脉公园群"。

在埃尔伯特山附近居住着印第安人与西班牙人，生活闭塞，政府首先慢慢让他们了解了外面发达的生活状态，后来旅游业也开始发展，宿营地变成农场，车站发展成城镇，一些城镇发展成大城市。

最受欢迎的旅游胜地

埃尔伯特山所属的落基山脉占北美大陆西部主要地形区大高原体系的大部地区。整体而言，落基山系所包含的各条山脉从亚

伯达省北部和不列颠哥伦比亚省向南延伸，经美国西部至墨西哥边境，全长约4800千米。

这里有终年积雪的山峰、茂密的针叶森林、宽广的山谷、清澈的溪流、开阔的天空和丰富的矿藏资源，每年更有数百万人到此旅行游览。

埃尔伯特山附近有北美大陆最受欢迎的旅游胜地。而且山区景色奇特优美，随着交通的发展，旅游业迅速增长。有落基山、黄石、大蒂顿、冰川等国家公园以及火山口、恐龙、大沙丘、甘尼森河布莱克峡谷等游览胜地。

山区城镇较小，大部分随采矿业发展而兴建，或为交通、游览中心。交通的发展，加快了山区旅游资源的开发，茂密的森林、众多的野生动物、凉爽的气候、现代冰川、温泉等奇特景色使之成为北美重要旅游区，每年吸引数万游客。建有多处国家公园和野生动物保护区以及有规模不大的采矿城和旅游城。

众河之源

埃尔伯特山是北美大陆最重要的分水岭，除圣劳伦斯河外，北美几乎所有大河都发源于此。

山脉以西的河流属太平洋水系，山脉以东的河流分别属北冰洋水系和大西洋水系。落基山脉积雪融化补充河流和湖泊的水源，占美国全部淡水水源的1/4，从落基山脉发源的河流流入三个大洋：太平洋、大西洋和北冰洋。

动植物的乐园

该区域丰富的动植物也享有盛名。松树、白杨树等森林延展至海拔1800米左右。海拔更高处可看到高山性、次高山性的花草及灌木。谷底、湖沼周边生长着湿地性植物。公园里已确认有56种哺乳类动物，在高地有落基山山羊、大角绵羊，森林地带有篦鹿、灰熊，水边则居住着海狸等。

另外，还栖息着山鹰等鸟类约280种。山区植被具有垂直分异的特点，黄松、道格拉斯黄杉、帐篷松、落叶松、云杉等针叶树种分布较广。中等海拔地区的山地森林有白杨、黄松和黄杉。亚高山带森林由西方铁杉、黑松、西部红柏、白云杉和恩格尔曼氏

云杉组成。

动物种类繁多。有黑熊、灰熊、山狮和狼獾。鹿科动物如北美驯鹿、骡鹿和维吉尼亚鹿也随季节在高山草地和亚高山森林之间垂直迁移。

黄石国家公园有美国最大群的美洲野牛。海拔较低处的小型哺乳动物有极小的花鼠、红松鼠、哥伦比亚地松鼠和旱獭。在夏季，山区各处都有猛禽如白头海雕、金雕、鹭和游隼。

林地和草地上的鸟包括流苏松鸡、云杉松鸡、蓝松鸡、雷鸟、克拉克氏星鸦、灰松鸦和斯特勒氏松鸦。水禽如水鸭、沙锥。虹鳟是本区最著名的鱼类。北极茴鱼是北部高山湖泊的永久住民。

延 伸 阅 读

虹鳟是一种鱼类，善于跳跃，上钩后激烈拼搏。已从北美西部引进到很多国家。栖于湖泊和急流，体色鲜艳。体上布有小黑斑，体侧有一红色带，如同彩虹，因此得名"虹鳟"。

乞力马扎罗山

山峰小档案

海拔：5895米

所属山脉：乞力马扎罗山

所在国家：坦桑尼亚

它是一座距离赤道最近的山峰，乞力马扎罗山含义是"闪闪发光的山"，被誉为"非洲之巅"。耸立着巨大的冰柱，冰雪覆盖，宛如巨大的玉盆。峰顶经常云雾缭绕。许多地理学家则喜欢称它为"非洲之王"。乞力马扎罗山上神秘的传说吸引着世界各

国的好奇者慕名而来，坦桑尼亚人以此山为骄傲，张开温暖的双臂迎接到这里的来宾。

赤道雪山

乞力马扎罗山位于赤道附近的坦桑尼亚和肯尼亚边界的坦桑尼亚一侧，为非洲最高峰。面积756平方千米，以"赤道雪山"而闻名于世。乞力马扎罗在斯瓦希里语中意为"闪闪发光的山"它的轮廓非常鲜明：缓缓上升的斜坡引向长长的、扁平的山顶，那是一个真正的巨型火山口——一个盆状的火山峰顶。酷热的日子里，从很远处望去，蓝色的山基赏心悦目，而白雪皑皑的山顶似乎在空中盘旋。常伸展到雪线以下飘缈的云雾，增加了这种幻觉。

山麓的气温有时高达59℃，而峰顶的气温又常在零下34℃，故有"赤道雪峰"之称。在过去的几个世纪里，乞力马扎罗山一直是一座神秘而迷人的山——没有人真的相信在赤道附近居然有这样一座覆盖着白雪的山。

乞力马扎罗山有两个高峰：主峰基博峰，海拔5950米，是非洲的最高峰，被称为"非洲之巅"；另一个叫马文济峰，隔着一条长达11千米的马鞍形的山脊同主峰相连。乞力马扎罗山是一个死火山，主峰基博峰顶有一个直径2400米、深200米的火山口，口内四壁是晶莹无瑕的巨大冰层，底部耸立着巨大的冰柱，冰雪覆盖，宛如巨大的玉盆。峰顶经常云雾缭绕，好像罩上了一层面纱。

乞力马扎罗山顶上是一片晶莹的冰雪世界，而山下的广阔土地上却是热带草原景色。这里绿草如茵，树木苍翠，斑马和长颈鹿在草原上漫游。

非洲之王

乞力马扎罗山是一个火山丘，它位于坦桑尼亚乞力马扎罗东北部，邻近肯尼亚，是坦桑尼亚与肯尼亚的分水岭，距离赤道仅300多千米。乞力马扎罗山被许多地理学家称为"非洲之王"。乞力马扎罗山国家公园和森林保护区占据了整个乞力马扎罗山及周围的山地森林。

乞力马扎罗山国家公园由林木线以上的所有山区和穿过山地森林带的6个森林走廊组成。

坦桑尼亚东北部的大火山体，邻近肯亚边界，它是较早的一个残余火山。基博峰看来像个盖着积雪的穹丘，此火山口里有个

显示残馀火山活动的内火山锥。

和基博峰的有规则的锥形大不相同的是，马温西峰是经过强烈侵蚀的，山势崎岖而且陡峭，并且被东西向狭谷劈开。近年来由于全球变暖，乞力马扎罗山的冰雪消融，引起了联合国等国际组织关注。

火山上传说

乞力马扎罗山是坦桑尼亚人心中的骄傲，他们把自己看作草原之帆下的子民。乞力马扎罗山是坦桑尼亚人民的母亲山。然而，19世纪德国殖民者首先侵入了这片美丽多娇的土地，扰乱了这里的平静和安宁。他们把早已被非洲人民命名的"乞力马扎罗"雪山说成是由他们"首先发现的"，并把他们的所谓"功绩"铭刻在石头上。这方记录着殖民主义罪恶的"功德"碑至今

仍竖立在莫希一所老式洋房的大门前，坦桑尼亚独立时，将乞力马扎罗山的主峰改称为"乌呼鲁峰"，意为"自由峰"，象征着勤劳勇敢的非洲人民在争取民族独立、国家自由的斗争中所表现出的不屈不挠的坚强意志。

旅游攻略

常有各种肤色的登山爱好者在乞力马扎罗一显身手，这里也是世界各地的登山爱好者云集的地方。乞力马扎罗山有两条登山线路，一条是"旅游登山"线路，游客在导游和挑夫的协助之下，分成3天时间登上山顶，体验"一览众山小"的滋味；另一条是"登山运动员"线路，沿途悬崖峭壁，十分艰险。当然，无论从哪一条线路登上山顶，对异国他乡之人来说，都是终生难忘的幸事。

乞力马扎罗山是世界著名的旅游胜地，坦桑尼亚政府充分利用这一得天独厚的自然条件，大力发展旅游事业，从中得到了丰厚的经济利益。这里建有非洲风格的星级旅馆，可以让来自世界各地的游客食宿满意。乞力马扎罗国际机场，设施齐备，通讯先进，有14条国际航线通往世界各地，五大洲的游客可以乘班机直接抵达乞力马扎罗山的山麓。

延 伸 阅 读

据传，天神降临到这座高耸入云的乞力马扎罗山上，以便在高山之巅俯视和赐福他的子民们。盘踞在山中的妖魔鬼怪为了赶走天神，在山腹内部点起了一把大火，滚烫的熔岩随着熊熊烈火喷涌而出。妖魔的举动激怒了天神，他呼来了雷鸣闪电瓢泼大雨把大火扑灭，又召来了飞雪冰雹把冒着烟的山口填满，这就是今天看到的这座赤道雪山，地球上一个独特的风景点。多少世纪以来，许多当地人认为乞力马扎罗山是"上帝的宝座"，对它敬若神明。乞力马扎罗山在坦桑尼亚人心中无比神圣，很多部族每年都要在山脚下举行传统的祭祀活动，拜山神，求平安。

奥尔加山

山峰小档案

海拔：550米

所属山脉：奥尔加山

所在国家：澳大利亚

　　这里是诸神降临地球的地方，并且诸神建造了这个景观。傍晚在夕阳下，它呈现出橙红色，犹如少女的嘴唇。奥尔加山形成

于史前的"黄金时代",当太阳照射在岩丘深缝中时,茂盛的草木熠熠发光,岩石呈现各种变幻不定的色彩,蔚为奇观。

气候特征

奥尔加山位于澳大利亚中部的乌卢鲁·卡塔·丘达国家公园内。这里具有一系列奇异的地质与地貌特点,30多座圆顶般的山峰参差地突兀屹立,好像是从朦胧的海上升起来的红色岩岛,它们被称为"岛山"。最高的是奥尔加山,它从旷野垂直隆起550米,差不多有两个法国巴黎埃菲尔铁塔的高度。位于奥尔加山东面32千米处的荒漠平原上,静静地横躺着艾尔斯岩石的色彩随天气变化而变换着。

　　黎明时在阳光照射下，它显现出鲜明的粉红色或朱红色；傍晚在夕阳下，它呈现出橙红色。一整天，它随时间、云彩的变化呈现出棕色、黄色或紫色。

史前的"黄金时代"

　　大约5亿年前，地壳运动将这些岩石抬升到海面上，同时向侧面倾斜。风和水将它们侵蚀成我们看到的穹丘。据当地土著部落传说，奥尔加山形成于史前的"黄金时代"。奥尔加山亦称奥尔加岩。由30多块红色砾岩穹丘组成，矗立在马斯格雷夫岭以北的荒漠平原上。

奥尔加山附近的世界自然遗产

乌卢鲁·卡塔·丘达国家公园位于澳大利亚中部，占地1.32566平方千米，被列为世界自然遗产，土地为阿纳古土著人所有。乌卢鲁·布塔·丘达国家公园是一个重要的保护地，它显示了干旱的生态系统所独具的生物多样化现象，特别是爬行动物。

此外，该处还是极其珍贵的文化遗址，是数千年来土著人在丘库帕（法律）的统治下按照传统的阿纳古仪式不断与自然环境进行交流。乌卢鲁巨石的高度达340米，周长有9.4千米。几千年来，乌卢鲁巨石一直是西部沙漠地区土著人宗教、文化、地域和内部经济关系的焦点。

延 伸 阅 读

土著人既不种地也不放牧是一个少有的从不驯化土地的民族，五万年来他们只满足于大自然所赋予他们的一切。何谓"土著人"，目前国际上尚无定论。一般认为，土著人系指在外来的种族到来之前，那些祖祖辈辈繁衍生息在一个国家或地区的人民。

查亚峰

山峰小档案

海拔：5030米

所属山脉：苏迪曼山脉

所在国家：印度尼西亚

它裸露在新几内亚岛上，傲视周围的海，它是大洋洲最高峰，山下雨林里的食人部落也曾经一度使这座山峰蒙上了神秘诡

异的色彩。此外，国外财团和当地联合在山脚下疯狂敛财行为，也让人汗颜。由于它坐落在赤道线附近，顶峰几乎无冰雪地，被称为"岩石的洗礼"！

剥露最深的地区

查亚峰亦名"普鲁峰"。印度尼西亚巴布亚省内山峰，为新几内亚岛最高峰，海拔5030米，峰顶终年冰雪覆盖。属于苏迪曼山脉，在岛的中央高原西部，其中恩加巴鲁峰是西南太平洋的最高点，也是世界上岛屿中的最高点。

1909年荷兰人洛伦兹最早抵达查亚山的雪原。印尼在1960年代统治新几内亚后，查亚峰被改称为苏卡诺峰，这是为了纪念首任总统苏卡诺。这个名称后来才变成查亚峰。

因为查亚峰位于大洋洲新几内亚岛的查亚峰的形成与中新世以来澳大利亚大陆北部被动边缘俯冲碰撞到岛弧之下有关。新几内亚岛对于查亚峰南坡的岩石隆升幅度为6500米，隆升速度、剥蚀速率每年都会有详细的数据分析。南部的绿片岩分布区，剥蚀速率更快，是全岛剥露最深的地区。正是这种强烈的切割和剥蚀，在均衡抬升作用强烈影响下使查亚峰成为大洋洲最高峰。

寂静的山峰也不安宁

攀登七大洲最高峰一直是许多登山者的目标，然而，由于对七大洲所在位置认识上的差异，七大洲最高峰出现几个不同的版本，国际攀登界对于完成任何一个版本的登山者都予以承认。争议最大的地方是对于第七大洲的界定是以澳洲还是大洋洲哪一个为标准？由于查亚峰在地质构造上与澳大利亚大陆非常接近，甚至有一个大陆架相连接。

况且，新几内亚比新西兰更靠近澳大利亚，根据很多地理学家的见解，它应该属于澳大利亚大陆，这一矛盾是由于大洋洲的提法早于澳洲的提法。

　　若以澳洲来看，最高峰是海拔2228米的科西阿斯科山；若以大洋洲来看，最高峰是海拔5029米，位于巴布亚新几内亚（印度尼西亚实控）的查亚峰，有很多人干脆两座都登，实现最终的七大洲最高峰大满贯。

　　自从2001年因独立问题和地方冲突原因，巴布新几内亚对查亚峰施行了封锁。直到2005年底才重新开放。当地政府对进入此地区的外国游客管理很严，加上当地经济被美国公司的铜矿开采控制，跟当地原住民时有冲突，导致查亚峰地面进山交通无法保障。

事实上攀登查亚峰更多意义上是一次探险，仅仅进山途径就阻碍重重。乘直升机到大本营，受气候影响，曾有队伍等候十几天才飞进山的情况；从北面徒步进山，穿过热带丛林，行程约100千米，需要六天抵达大本营，行军难度大，要抵御各种热带虫兽和疾病的袭击；第三条途径是借道铜矿，从南侧登山。

神秘查亚峰

由于地理界线分类的历史原因，科休斯科峰和查亚峰其中任何一座都可以视为大洋洲的最高峰。查亚峰位于印度尼西亚的一个岛上，处在同巴布亚新几内亚交界的位置。由于政局不稳定，

这座山一直被封闭，不对登山和旅行者开放。所以登山者一般选择科休斯科峰作为大洋洲最高峰来攀登，直到查亚峰近年开放后才逐渐有人来攀登。印度尼西亚人把它叫做彭凯克查亚，即胜利之峰。

1962年希里查·汉里首次登上了这座山，这座遥远神秘的山对登山者有极大的吸引力，因为在那里可以看到植被从热带到寒带的变化以及远古人类生活的变迁。

山下雨林里的食人部落也曾经一度使这座山峰蒙上了神秘诡异的色彩。由于查亚峰坐落在赤道线附近，炎热的气候使顶峰几乎无冰雪地，被称为"岩石的洗礼"，加上近年气候变暖等原因，查亚峰上的冰川正在慢慢消融。

延 伸 阅 读

食人部落：关于食人族的一切，最早都来自于一些道听途说。Cannibal和Caribbean，意为食人族和加勒比人，这两个词同源，是因为哥伦布在听土著人讲加勒比人如何吃掉自己的俘虏时，听差了一个音，所以食人族就是Cannibal，而加勒比人是Caribbean。